初學者也 OK!

自己作職人配方の
戚風蛋糕

超人氣　全蛋使用　天然原味

青井聰子

市場裡的蛋糕屋

鎌倉しふぉん的戚風蛋糕

蛋・粉・牛奶・砂糖・油＋單一素材＝簡單質樸麵糊

鎌倉しふぉん「鬆軟＆濕潤」的祕密

以簡單素材突顯蛋糕的美味

只要利用家中現有的蛋、粉、牛奶、砂糖及油就可以動手製作戚風蛋糕。

優雅地將一小口蛋糕含入口中，素材的原味不會被埋沒，

並伴隨著和諧的滋潤風味擴散開來。

五感彷彿也因「簡單，所以美味」而被感動了。

「鎌倉しふぉん」就是本著這樣的精神，

以最基本的素材來呈現原有的風味口感，

製作各式各樣口味的戚風蛋糕。

開始作戚風蛋糕不久後，我參考了很多書。

總是因為需要大量的使用蛋白，

而不知該如何處理剩餘的蛋黃，

扔棄不用又感到可惜。

為了擺脫困擾，快樂的製作蛋糕，

決定把蛋黃都加進麵糊裡嘗試看看，

結果烤出來的蛋糕既濕潤又美味；

之前製作蛋糕時都會加入泡打粉，

某次沒放，嘗試只靠蛋本身使蛋糕膨脹，

結果仍烤出又高又漂亮蛋糕。

將製作蛋糕的必需材料減少至最低，

結果反而變得簡單、容易，又好吃。

為了保留素材的原味，糖分也稍微減量了。

期待大家也能在家中動手作鎌倉しふぉん的戚風蛋糕，我會十分開心喔！

Contents

戚風蛋糕二三事

製作蛋糕的手勢要大膽、明快，不要拖拖拉拉，過分講究優雅。

●富有彈性的蛋糕體

正因為簡單，所以口感成為蛋糕好吃與否的決勝負關鍵，

按壓後會再彈回來是最理想的狀態。

雖然以電動攪拌器攪拌會很省力，

但建議捨棄，最好是靠手腕的力量，

有節奏的施力攪拌，才能作出尾端挺立的蛋白霜。

「彈力」正是蛋白霜的靈魂。

●姿勢、聲音與節奏

某次機會去看了桌球比賽。

優秀的選手不論是姿勢、對擊的聲音及節奏，都美得恰到好處，一點都不多餘。

在教室烘培美味戚風蛋糕的學生們，他們的姿勢、電動攪拌器及打蛋器的聲音，也相同的美妙。

儘管上手的訣竅在於多作、多練習，

但姿勢不正確，將會在不必要之處傻傻用力，

反而無法拌好最重要的麵糊。

所以下次製作時，不妨注意聽聽看沒有發出充滿節奏感的好聲音。

●反應出製作時的心情

即使利用相同的材料、器具及烤箱，每個人烤出來的蛋糕還是不一樣。

從結果可以看出作蛋糕的人心情如何？

是心中有怨、生氣、肚子餓或焦躁不安……

若無法調適好心情，就不能烤出美味的戚風蛋糕。

蛋糕真是一面令人害怕的誠實之鏡啊！

●適合當成餐點

戚風蛋糕是大家都愛吃的甜點。

甜分減量後，男性、孩子、長輩，

或是沒有食欲及體力欠佳者，都可以無負擔地享用。

其營養豐富，再搭上咖啡及紅茶，作為早餐也很適合。

也可在店裡每日替換不同口味的戚風蛋糕，

提供客人不一樣的選擇。

製作需知

由於戚風蛋糕只需烘烤，不需多加裝飾，所以模具及烤箱相對顯得重要。

●份量

1 小匙＝ 5cc．1 大匙＝ 15cc．蛋＝ L 尺寸（淨重 60g）
1 小匙弱指不超過 1 小匙為宜

●戚風蛋糕模具

材質有鋁製、紙模、鋁合金及鐵氟龍。

- 鋁 模…這是本書所使用的烤模。導熱效果佳，價
    格偏高，建議使用。
- 紙 模…最方便之處是可直接盛裝並送人。因導熱
    性不如鋁模，需要多烤2至3分鐘。此外，
    保存時紙會吸掉蛋糕的水分，請以塑膠帶
    包覆，防止水分蒸發。
- 鋁合金…在鋁的表層再塗上一層薄薄的保護膜。價
    格雖然便宜，但導熱性不佳，長期使用後
    薄膜容易剝落，使得麵糊無法順利膨脹。
- 鐵氟龍…戚風蛋糕烤好後，要倒扣模具讓蛋糕脹
    大、冷卻，不適合使用容易滑出的鐵氟龍
    模具。雖然也有不易脫落的款式，但仍不
    建議使用。

●烤箱

本書記載的溫度及時間只是一個約略標準。即使溫度相同，若烤箱不同，烤出來的結果也會不一樣。掌握家中的烤箱特性才是最重要的。尤其是電烤箱所需時間要更長一些，預熱時溫度也要調高30℃至50℃，放入麵糊後再調降至烘烤溫度。若無法順利烘烤，不妨使用烤箱溫度計，計算正確溫度。

電烤箱的烘烤時間需延長約5分鐘，請在過程中記錄下最佳烘烤溫度及時間。

若烤箱的內部空間太小，蛋糕頂部容易烤焦，請在烘烤中途覆蓋鋁薄紙再繼續烘烤。

●蛋白霜

蛋白霜是烤出好吃蛋糕的關鍵。攪拌時當手感受到些微沉重，就可以停止攪拌了。另外，製作好的蛋白霜放著不用，會產生離水現象而變乾，因此，應立刻與蛋黃糊混合；但必須分三次拌入，若和蛋黃糊的拌合動作太慢，留待最後拌入的蛋白霜可能會乾掉，所以及早作業是重要技巧之一。

原味戚風蛋糕

顧名思義，「原味」就是不添加任何餡料，麵糊中的小孔及膨脹度都能清楚地看到。
首先是學習烘烤出質地細緻又具有彈性的基本款戚風蛋糕，
建議掌握住訣竅後再嘗試烘焙其他風味的戚風蛋糕。

材料

	17cm	20cm
蛋黃（L）	4 個	7 個
菜種油	50cc	90cc
牛奶	60cc	100cc
低筋麵粉	70g	120g
蛋白（L）	4 個	7 個
白砂糖	60g	100g

烤烘時間（180℃）

17cm **20cm**

約25分鐘 約30分鐘

準備

・以較高的位置將低筋麵粉過篩到
　紙上，共過篩兩次。

＞將麵粉拿至高處篩入，使空氣易進入粉料
　中，這是讓麵糊膨脹的重要因素。

・白砂糖過篩一次。

・烤箱預熱至180℃。

＞電烤箱的火力較弱，預熱時建議先將溫度提
　高30℃至50℃，待放入麵糰後再設定為
　180℃。

●製作蛋黃糊

1

將蛋黃倒入鋼盆中，加
入菜種油後，以打蛋器
混合。

2

牛奶以微波爐加熱至約
同人體體溫後，倒入步
驟1中拌勻。

3

將低筋麵粉過篩至鋼盆
裡，再以打蛋器拌勻。

4

攪拌至無粉粒後，蛋黃
糊即完成。

＞利落的混合材料，1分鐘
　內就能完成蛋黃糊。

●製作蛋白霜

5

將蛋白倒入小鋼盆中，以電動攪拌器攪拌，馬力先轉至弱段進行混合，再改以強段一口氣拌打。

6

開始產生白色泡沫。

7

白砂糖分兩次倒入。

8

將鋼盆斜放，電動攪拌器以強段強力混拌。

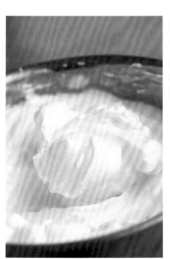

9

以手感覺一下蛋白糊有稍沉的重量，並呈現光澤感即完成。

> 蛋白霜要打至硬性發泡，才能作出Q彈的戚風蛋糕。建議不要過分依賴電動攪拌器，改以腕力用力攪拌，這點很重要喔！

> 蛋白霜太軟或太硬都無法做出好吃的戚風蛋糕。請多多嘗試，找出狀態最佳的蛋白霜。

> 作好蛋白霜後，請於泡沫未消失前，盡快進行下一步驟。

●混合蛋黃糊和蛋白霜

10

將1/3蛋白霜倒入蛋黃糊中,以打蛋器充分攪拌至無硬塊。

11

以橡皮刮刀自碗盆翻拌,避免濃稠的蛋黃糊殘留在碗盆。

> 建議準備兩支橡皮刮刀,一把於蛋白霜使用,一把於蛋黃糊使用。若只有一把,請先擦乾淨後再使用。

12

將剩餘的蛋白霜分兩次倒入蛋黃糊中,以打蛋器充分攪拌至無硬塊。

> 蛋白霜的硬塊將會使蛋糕出現洞孔。

13

再以橡皮刮刀自盆底翻拌,以免蛋黃糊殘留在盆底。

> 當麵糊呈蓬鬆狀就大功告成了。只要攪拌至無硬塊即可,過度攪拌可能會導致麵糊塌陷。

麵糊從較高處倒入模具中。

> 此動作可讓麵糊內的空氣消去,可減少氣泡。

15

以橡皮刮刀抹平麵糊表面。

16

放入已預熱至指定溫度的烤箱中烘烤。烤好後,倒扣在稍有高度的器皿中央。

> 烤盤在預熱時一併放入加熱。
> 保持蛋糕的濕潤感很重要,千萬別過度烘烤。烤好立刻從烤箱中取出。另外,烤箱有其使用習性,請視實際狀況調整溫度及時間。

17

冷卻後以塑膠袋套住,放入冰箱冷藏保存,以防止乾燥。

●脫模

18

以手按住模具的中間，插入抹刀並沿著模具側面劃上一圈。

> 蛋糕剛從冰箱取出、還冰冰的時候，較容易整齊、漂亮的脫模。
> 若蛋糕有彈性，即使以手按壓也會再彈回來。

19

以抹刀由底部插入，沿底部劃一圈。

> 以抹刀刀刃中段插入，蛋糕底部不易變得凹凸不平。

20

以戚風刮刀或竹籤插入中央隆起的模具四周，將蛋糕剝離。

21

倒扣、提起模具底部後抽離。

> 在冰箱冷藏2至3天後，蛋糕變得穩定、濕潤，正是最佳賞味期。善加保存可達一週之久，也建議可冷凍保存。

常見的失敗例子

再確認一下失敗的原因，答案可能就躲藏在不起眼的小地方。

●烘烤後

如果膨脹高出模具，且蛋糕表面產生裂痕，看來像朵花，就是大成功了！

雖有膨起，但蛋白霜和蛋黃糊未充分混合，導致蛋黃糊堆積在上層無法產生裂痕。

●蛋糕回縮

原因在於麵糊過度攪拌。利用橡皮刮刀及打蛋器，製作出狀態良好麵糊的秘訣在於：混拌時間短、攪拌次數少。

●蛋糕體含有氣泡

蛋白霜中若殘留硬塊，會在烘烤時膨脹而在蛋糕體中形成大洞。

戚風蛋糕的材料與道具

●粉

選用低筋麵粉。雖然バイオ
レット（VIOLET）及フラ
ワー（皆為品牌名）隨處皆
可買到，也一樣會膨脹；但
建議選擇烘焙專用、講究品
質的粉類，味道會比較好，
店中使用的是北海道產的
「ゆきんこ」。

●蛋

使用L號的雞蛋。約10℃的
雞蛋最適合製作蛋白霜，但
約略即可。請參考夏天從冰
箱剛取出；及冬天常溫保存
下的蛋，都在10℃左右。

材料

●白砂糖

戚風蛋糕是輕食感的甜點，
所以選用優質的白砂糖。未
精製的糖多少會降低膨脹效
果，也可隨個人喜好選用其
他種類的糖；也請依個人口
味自由調整甜度。

●菜種油

素材的味道是決勝的關鍵，
油的品質也務必要講究餘味
清新、不殘留油腥味。除菜
種油外，也推薦紅花油及玉
米油等等。品質佳的油類易
氧化，宜儘早食用。

>本書所使用的油品為日本的
菜種油，建議挑選品質佳、
度飽和脂肪酸較高的植物性
油類製作，請多多嘗試挑選
自己喜愛的口感。

●牛奶

使用成分未經調整、乳脂肪
占3.7%的牛奶。添加牛奶可
增加柔順度及濃郁感。不能
喝牛奶的人請以水或豆奶代
替。不論是選用哪一種，都
需加熱至約人體體溫後再倒
入。

●模具

本書使用直徑17cm及20cm兩種。可配合烤箱大小作選擇。書中烘烤時間是以鋁質模具為主,如果是紙模或鋁合金材質,建議再多烘烤數分鐘。

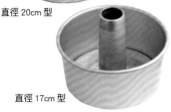

直徑 20cm 型

直徑 17cm 型

●鋼盆

有淺碟形及深盆形(攪拌盆)兩種。深盆形可將麵糊往中心集中,最適合烘焙時使用;或是製作打發蛋白霜使用。短時間即可製作出不易塌陷的麵糊。

●電動攪拌器

製作蛋白霜的必備工具。建議挑選葉片部分較大的產品。若以打蛋器攪打,因為耗時,易導致麵糊塌陷。

道具

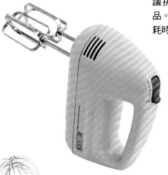

●橡皮刮刀

建議選用矽膠製、一體成型的款式,衛生又便利。宜準備兩支,一支用於蛋白霜,另一支用於麵糊,作業時更加順手。

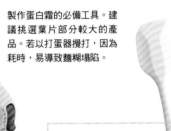

●打蛋器

烘培用、選擇鋼圈數多的,較容易攪拌。建議考慮鋼盆的大小選擇適合的長度,標準為30cm長。

●濾網

本書使用的是稱為strainer的濾網。容易處理,清洗方便。即使作菜也十分方便。

●抹刀
戚風專用脫模刀
竹籤

用於將蛋糕從模具中取出;以抹刀沿模具四周劃一圈,欲將蛋糕體與中間隆起圓筒分離則使用戚風刮刀或竹籤。

●麵包刀

戚風蛋糕的質地鬆軟,較接近土司。若以蛋糕刀或菜刀切割,不如將麵包刀以前後移動的方式切割蛋糕體來得利落方便。

A 最後加入麵糊的素材

於完成麵糊中，
注入不同的味覺體驗

咖啡

飄散香醇咖啡香的經典款戚風蛋糕。

材料

	17cm	20cm
蛋黃（L）	4 個	7 個
菜種油	50cc	90cc
牛奶	50cc	90cc
低筋麵粉	70g	120g
蛋白（L）	4 個	7 個
白砂糖	65g	110g
咖啡汁		
即溶咖啡	2 大匙	4 大匙
水	1 小匙弱	1½ 小匙

烤烘時間（180℃）

17cm　**20cm**

約25分鐘　約30分鐘

準備

- 參照戚風蛋糕基礎作法（參閱 P.10）。
- 即溶咖啡以水溶解，製成咖啡液。

作法

- 參照戚風蛋糕基礎作法（細節參閱P.10至P.13）。作好麵糊，最後倒入咖啡汁，並輕拌至麵糊呈現大理石紋路，再倒入模具中，再按照後續步驟烘烤即可。

> 如果咖啡汁集中於某處，烘烤後蛋糕上會出現大洞，請注意。

B
改變水分

將作為水分的牛奶
變換為其他材料，
享受搭配組合的樂趣。

皇家奶茶

以牛奶煮出茶葉濃郁、幽遠的香氣。

材料

	17cm	20cm
蛋黃（L）	4 個	7 個
菜種油	50cc	90cc
紅茶汁	50cc	90cc
├ 阿薩姆紅茶	1 大匙	2大匙弱
└ 牛奶	80cc	140cc
剁碎的茶葉	1 小撮	1 小撮
低筋麵粉	80g	140g
蛋白（L）	4 個	7 個
白砂糖	70g	120g

烤烘時間（180℃）

17cm

約28分鐘　約33分鐘

準備

· 參照戚風蛋糕基礎作法（參閱P.10）。

· 製作紅茶汁。將茶葉及牛奶倒入鍋中加熱，煮沸後轉小火，再煮3分鐘後倒出。接著以茶濾網濾出所需的紅茶汁分量。

作法

· 將參照戚風蛋糕基礎作法（細節參閱P.10至P.13）步驟2中的牛奶改以紅茶汁代替，再加入切碎的茶葉。再按照後續步驟調製烘烤即可。

> 茶葉若沒有切碎，烘烤會脹大，而在食用時殘留口中。建議可以研磨機或研鉢磨碎，或以菜刀剁碎；使用茶包中的茶葉粉末也OK。

17

C
加入含水分
的食材

加入水果及蔬菜等含水分的食
材時，需適度調整牛奶用量。

香蕉

以熟成香蕉創造甘甜＆濃醇的口感。

材料

	17cm	20cm
蛋黃（L）	4 個	7 個
菜種油	50cc	90cc
牛奶	25cc	40cc
香蕉（淨重）	80g	140g
低筋麵粉	80g	140g
蛋白（L）	4 個	7 個
白砂糖	70g	120g

烤烘時間（180℃）

17cm　**20cm**

約25分鐘　約30分鐘

準備

・參照戚風蛋糕基礎作法
（參閱P.10）。

作法

・參照戚風蛋糕基礎作法（細節參
閱P.10至P.13），在步驟2中加入
牛奶後，拌入以叉子搗碎的香
蕉，再按照後續步驟調製烘烤即
可。

> 果皮已變黑的熟透香蕉，果肉甘甜、香濃、
味美。由於香蕉果肉會在製作麵糊的過程中
變得愈來愈細，所以以叉子大致搗碎即可。

C 加入含水分的素材

南瓜

建議選用味道濃厚的小南瓜。

材料

	17cm	20cm
蛋黃（L）	4 個	7 個
菜種油	50cc	90cc
牛奶	25cc	40cc
南瓜（淨重）	70g	120g
低筋麵粉	75g	130g
蛋白（L）	4 個	7 個
白砂糖	65g	110g

烤烘時間（180℃）

17cm　**20cm**

約25分鐘　約30分鐘

準備

・參照戚風蛋糕基礎作法（參閱P.10）。

・將南瓜蒸熟後去皮，以叉子搗碎果肉，備妥所需分量。如果要放入皮，則以菜刀切丁後再拌入。

作法

・參照戚風蛋糕基礎作法（細節參閱P.10至P.13），在步驟2中加入牛奶後，拌入蒸後搗碎的南瓜，再按照後續步驟調製烘烤即可。

>南瓜蛋黃糊的水分較少、感覺較硬，但拌入蛋白霜後就會變得柔軟適中。

D
加入粉末
改變味道

藉由不同的粉料改變味道時，和低筋麵粉一起過篩。

抹茶

抹茶味帶甘苦引出了蛋糕的美味。

材料

	17cm	20cm
蛋黃（L）	4個	7個
菜種油	50cc	90cc
牛奶	60cc	100cc
低筋麵粉	70g	120g
抹茶	1½大匙	2½大匙
蛋白（L）	4個	7個
白砂糖	65g	110g

烤烘時間（180℃）

17cm　　**20cm**

約25分鐘　約30分鐘

準備

・參照戚風蛋糕基礎作法（參閱P.10）。

・低筋麵粉與抹茶一起過篩。

作法

・參照戚風蛋糕基礎作法（細節參閱P.10至P.13）調製烘烤。

＞抹茶容易褪色，不論是粉末狀或烤成蛋糕，保存時建議盡量遠離燈光或陽光照射。

D 添加粉末改變味道

可可

麵糊與可可相容成恰到好處的平衡。

材料

	17cm	20cm
蛋黃（L）	4 個	7 個
菜種油	50cc	90cc
牛奶	60cc	100cc
低筋麵粉	60g	100g
可可粉	15g	25g
蛋白（L）	4 個	7 個
白砂糖	70g	120g

烤烘時間（180℃）

17cm　**20cm**

約25分鐘　約30分鐘

準備

・參照戚風蛋糕基礎作法（參閱
P.10）。

・低筋麵粉與可可粉一起過篩。

作法

・參照戚風蛋糕基礎作法（細節參
閱P.10至P.13）調製烘烤。

＞由於可可的油分離，蛋白霜容易消泡。倒入
蛋白霜後，建議儘可能輕輕混合。

21

E
替換粉類材料

以其他粉類
取代低筋麵粉。

全麥麵粉

口感厚實又能嚐到麥粉的風味。

材料

	17cm	20cm
蛋黃（L）	4 個	7 個
菜種油	50cc	90cc
牛奶	60cc	100cc
全麥麵粉	70g	120g
蛋白（L）	4 個	7 個
白砂糖	60g	100g

烤烘時間（180℃）

17cm　**20cm**

約25分鐘　約30分鐘

準備

・參照戚風蛋糕基礎作法（參閱
　P.10）。

作法

・參照戚風蛋糕基礎作法（細節參
　閱P.10至P.13）。調製烘烤。

＞製作蛋黃糊時雖稍有厚重感，但拌入蛋白霜
　後就會變得柔軟適中。

E 替換粉類材料

米粉

粒子細小，作出質地細緻的蛋糕

材料

	17cm	20cm
蛋黃（L）	4 個	7 個
菜種油	50cc	90cc
牛奶	60cc	100cc
米粉	80g	140g
蛋白（L）	4 個	7 個
白砂糖	60g	100g

烤烘時間（180℃）

17cm　**20cm**

約25分鐘　約30分鐘

準備

・參照戚風蛋糕基礎作法（參閱
　P.10）。

作法

・參照戚風蛋糕基礎作法（細節參
　閱P.10至P.13）。調製烘烤。

>和原味麵糊相比，膨脹效果略差。

F

添加富含油分
的素材

添加油分多的素材會讓麵糊變重，
不易膨脹，難度相對提高。

巧克力

替換苦味、甜味等各種素材呈現出不同風味。

材料

	17cm	20cm
蛋黃（L）	4 個	7 個
菜種油	50cc	90cc
牛奶	60cc	100cc
巧克力	15g	25g
低筋麵粉	45g	80g
可可粉	15g	25g
蛋白（L）	4 個	7 個
白砂糖	65g	110g

烤烘時間（180℃）

約25分鐘　約30分鐘

準備

・參照戚風蛋糕基礎作法（參閱 P.10）。

・低筋麵粉與可可粉一起過篩。

・巧克力以微波爐加熱溶化備用。

作法

・參照戚風蛋糕基礎作法（細節參閱P.10至P.13）。在步驟2中加入牛奶後，拌入溶化的巧克力。接著按照後續步驟調製烘烤。

＞和可可戚風蛋糕（P.21）一樣，巧克力也是富含油分的素材，為了不讓蛋白霜消泡，在倒入蛋白霜後，請儘可能輕輕混合即可。

F 添加富含油分的素材

起士

鹹鹹起士搭配甘甜麵糊的極品

材料

	17cm	20cm
蛋黃 (L)	4 個	7 個
菜種油	50cc	90cc
牛奶	35cc	60cc
奶油起士	55g	100g
酸奶油	50g	90g
低筋麵粉	60g	110g
蛋白 (L)	4 個	7 個
白砂糖	70g	120g

烤烘時間（180℃）

17cm	**20cm**
約33分鐘	約35分鐘

準備

・參照戚風蛋糕基礎作法（參閱P.10）。

作法

・參照戚風蛋糕基礎作法（細節參閱P.10至P.13）。在步驟 **2** 中加入牛奶後，拌入奶油起士及酸奶油，再按照後續步驟調製烘烤。

> 如果殘留奶油起士的硬塊，烘烤後蛋糕體會出現洞孔，所以要輕輕的充分拌勻。

美味嚐鮮法&保存方式

烤得漂漂亮亮的蛋糕，
當然要善加保存，
更要懂得品嚐好滋味。

●沾鮮奶油一起吃

建議挑選純鮮奶油與植物性奶油成分
約各半的產品。加入砂糖打成發泡鮮
奶油後，可冷凍保存。

●在蛋糕上層淋上其他材料

搭配果醬、蜂蜜、楓糖漿、紅豆泥及
水果等喜歡的食材一起食用。

●裝飾戚風蛋糕
的糖粉

將蛋糕體完整取出後，於上層灑些糖
粉，升級為高級甜心。

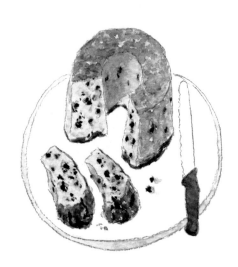

●保存方法

等待溫度降至40℃至50℃後，以塑膠
袋包覆保持濕潤感。切開的戚風蛋糕
則建議以保鮮膜包起來。

●保存期限

放入冰箱冷藏，保存情況良好可以存
放一週左右。而烤後2至3天是最佳賞
味期。

●冷凍保存

放置冷凍庫甚至可保存一個月之久。
不論是恢復常溫或半解凍時食用，都
十分美味。

一次只加入一種素材的各式風味戚風蛋糕

既不破壞原味戚風蛋糕的口感，又能充分顯現素材味道的各式風味蛋糕。

香氣高雅，教人百吃不膩。

除了顏色和素材的視覺享受外，當然也要品嚐一下它的美好滋味。

蜂蜜戚風蛋糕

加入蜂蜜，會些許影響膨脹度及彈性，蛋糕變得更濕潤。
由於蜂蜜是天然食材，濃度及味道不一，建議請選擇個人喜愛的品種。

honey

作法參閱 > P.32

chocolate chip

巧克力碎片戚風蛋糕

加入適量巧克力碎片,與原味戚風蛋糕形成完美搭檔;
互相襯托出更完美風味,是我最喜歡的戚風蛋糕!

作法參閱 > P.32

杏仁果戚風蛋糕

奢侈地使用杏仁果粉，再加入烤杏仁果薄片，
提引出戚風蛋糕口感潤澤的深奧味道。

作法參閱 > P.33

yogurt

優格戚風蛋糕

溫順、微酸的餘味治癒了一身的疲勞！質地細緻的蛋糕，切下時彷彿聽見細微碎裂聲音。
除了顏色和素材的視覺享受外，當然也要品嚐一下它的美好滋味。

作法參閱 > P.33

蜂蜜戚風蛋糕

材料

	17cm	20cm
蛋黃（L）	4個	7個
菜種油	50cc	90cc
牛奶	35cc	60cc
蜂蜜	45g	80g
低筋麵粉	75g	130g
蛋白（L）	4個	7個
白砂糖	40g	70g

烤烘時間（180℃）

17cm　**20cm**

約25分鐘　約30分鐘

準備

‧參照戚風蛋糕基礎作法（參閱P.10）。

作法

1　製作蛋黃糊。將蛋黃倒入鋼盆中，先加入菜種油混合，接著倒入溫牛奶及蜂蜜（a）拌勻。低筋麵粉再次過篩後，一次全部倒入，以打蛋器攪拌均勻。

2　打發蛋白及白砂糖，製作蛋白霜（參閱P.11的製作蛋白霜）。

3　將1/3的蛋白霜倒入蛋黃糊中，以打蛋器充分混合，並以橡皮刮刀由盆底翻拌，防止蛋黃糊殘留盆底。

4　將剩餘的蛋白霜分兩次倒入，同樣以打蛋器充分混合至無硬塊。再以橡皮刮刀由盆底翻拌。

5　倒入模具中，以橡皮刮刀抹平麵糊表面。

6　放入已預熱至180℃烤箱中烘烤。烤後將模具倒扣，取出蛋糕、放涼即可。

巧克力碎片戚風蛋糕

材料

	17cm	20cm
蛋黃（L）	4個	7個
菜種油	50cc	90cc
牛奶	60cc	100cc
低筋麵粉	70g	120g
蛋白（L）	4個	7個
白砂糖	50g	90g
巧克力碎片	40g	70g

烤烘時間（180℃）

17cm　**20cm**

約25分鐘　約30分鐘

準備

‧參照戚風蛋糕基礎作法（參閱P.10）。

作法

1　製作蛋黃糊。將蛋黃倒入鋼盆中，先加入菜種油混合，接著倒入溫牛奶拌勻。低筋麵粉再次過篩後，一次全部倒入，再以打蛋器攪拌勻。

2　打發蛋白及白砂糖，製作蛋白霜（參閱P.11的製作蛋白霜）。

3　將1/3的蛋白霜倒入蛋黃糊中，以打蛋器充分混合，並以橡皮刮刀由盆底翻拌，防止蛋黃糊殘留盆底。

4　將剩餘的蛋白霜分兩次倒入，同樣以打蛋器充分混合至無硬塊，再以橡皮刮刀由盆底翻拌。

5　最後加入巧克力碎片（a），以橡皮刮刀粗拌。

6　倒入模具中，以橡皮刮刀抹平麵糊表面。

7　放入已預熱至180℃烤箱中烘烤。烤後將模具倒扣，取出蛋糕、放涼即可。

a

a

杏仁果戚風蛋糕

材料

	17cm	20cm
蛋黃（L）	4個	7個
菜種油	50cc	90cc
牛奶	60cc	100cc
杏仁果粉	80g	140g
杏仁薄片	20g	40g
蛋白（L）	4個	7個
白砂糖	60g	100g

a

烤烘時間（180℃）

17cm	20cm
約25分鐘	約30分鐘

準備

・參照戚風蛋糕基礎作法（參閱P.10）。
・杏仁果粉過篩（照片a上圖）。
・杏仁果薄片以烤箱180℃烘烤5分鐘，至呈現金黃色（照片a下圖）。待冷卻後再以手剝碎。

作法

1 製作蛋黃糊。將蛋黃倒入鋼盆中，先加入菜種油混合，接著倒入溫牛奶拌勻。杏仁果粉再次過篩後，一次全部倒入，再加入杏仁果薄片，以打蛋器攪拌均勻。

2 打發蛋白及白砂糖，製作蛋白霜（參照P.11的製作蛋白霜）。

3 將步驟2中1/3的蛋白霜倒入蛋黃糊中，並以打蛋器充分攪拌，再以橡皮刮刀將蛋黃糊自碗盆翻拌，防止蛋黃糊殘留盆底。

4 再將剩餘的蛋白霜分兩次倒入，同樣以打蛋器充分混合至無硬塊，再以橡皮刮刀由盆底翻拌。

5 倒入模具中，以橡皮刮刀抹平麵糊表面。

6 放入已預熱至180℃烤箱中烘烤。烤後將模具倒扣，取出蛋糕、放涼即可。

優格戚風蛋糕

材料

	17cm	20cm
蛋黃（L）	4個	7個
菜種油	50cc	90cc
優格	85g	150g
低筋麵粉	70g	120g
蛋白（L）	4個	7個
白砂糖	70g	120g

優格

烤烘時間（180℃）

17cm	20cm
約25分鐘	約30分鐘

準備

・參照戚風蛋糕基礎作法（參閱P.10）。

作法

1 製製作蛋黃糊。將蛋黃倒入鋼盆中，先加入菜種油混合，接著倒入溫熱後的優格拌勻。低筋麵粉再次過篩後，一次全部倒入，以打蛋器攪拌均勻。

2 打發蛋白及白砂糖，製作蛋白霜（參照P.11的製作蛋白霜）。

3 將步驟2中1/3的蛋白霜倒入蛋黃糊中，以打蛋器充分攪拌，並以橡皮刮刀由盆底翻拌，防止蛋黃糊殘留盆底。

4 再將剩餘的蛋白霜分兩次倒入，同樣以打蛋器充分混合至無硬塊，再以橡皮刮刀由盆底翻拌。

5 倒入模具中，以橡皮刮刀抹平麵糊表面。

6 放入已預熱至180℃烤箱中烘烤。烤後將模具倒扣，取出蛋糕、放涼即可。

椰子戚風蛋糕

對於昔日品嚐椰子戚風蛋糕時的味道念茲在茲，
因而醞釀出這道食譜。依然令人回味無窮啊！

coconut

作法參閱 > P.38

lemon

檸檬戚風蛋糕

製作時請連檸檬皮一起刨成碎屑後拌入，建議使用冬天國產的無農藥檸檬。
藉此道蛋糕品味一下季節感。

作法參閱＞ P.38

蘋果戚風蛋糕

元氣缺缺時總是想起富含維他命的蘋果。

刨成圓角形的果粒可鎖住風味，又可品嚐到煮蘋果的甜蜜滋味。

apple

作法參閱 > P.39

紅柚戚風蛋糕

粉紅色的卡哇伊小顆果粒,是愛美女生的最愛。
有著香濃果汁及Q彈果肉的清爽。

grapefruit

作法參閱> P.39

椰子戚風蛋糕

材料

	17cm	20cm
蛋黃（L）	4個	7個
菜種油	50cc	90cc
牛奶	10cc	20cc
椰奶	60cc	100cc
椰子粉	10g	20g
（可可的纖維）		
低筋麵粉	70g	120g
蛋白（L）	4個	7個
白砂糖	60g	100g

右／椰奶
左／椰子粉

烤烘時間（180℃）

17cm	20cm
約25分鐘	約30分鐘

準備

・參照戚風蛋糕基礎作法（參閱P.10）。

作法

1 製作蛋黃糊。將蛋黃倒入鋼盆中，先加入菜種油混
   合，再倒入溫牛奶、椰奶及椰子粉拌勻。低筋麵粉
   再次過篩後，一次全部倒入，以打蛋器攪拌拌勻。

2 打發蛋白及白砂糖，製作蛋白霜（參照P.11的製作
   蛋白霜）。

3 將步驟2中1/3的蛋白霜倒入蛋黃糊中，以打蛋器
   充分攪拌，並以橡皮刮刀由盆底翻拌，防止蛋黃糊
   殘留盆底。

4 再將剩餘的蛋白霜分兩次倒入，同樣以打蛋器充分
   混合至無硬塊，再以橡皮刮刀由盆底翻拌。

5 倒入模具中，以橡皮刮刀抹平麵糊表面。

6 放入已預熱至180℃烤箱中烘烤。烤後將模具倒
   扣，取出蛋糕、放涼即可。

檸檬戚風蛋糕

材料

	17cm	20cm
蛋黃（L）	4個	7個
菜種油	50cc	90cc
檸檬汁＋水	60cc	100cc
	（約½個檸檬）	（約1個檸檬）
檸檬皮	1/2個	1個
低筋麵粉	70g	120g
蛋白（L）	4個	7個
白砂糖	70g	120g

烤烘時間（180℃）

17cm	20cm
約25分鐘	約30分鐘

準備

・參照戚風蛋糕基礎作法（參閱P.10）。
・將檸檬皮磨成碎屑（如圖a）。
・擠出檸檬汁後加水，取所需分量（如圖a）。

作法

1 製作蛋黃糊。將蛋黃倒入鋼盆中，先加入菜種油混
   合，再倒入檸檬汁及檸檬皮碎屑拌勻。低筋麵粉再
   次過篩後，一次全部倒入，以打蛋器攪拌均勻。

2 打發蛋白及白砂糖，製作蛋白霜（參照P.11的製作
   蛋白霜）。

3 將步驟2中1/3的蛋白霜倒入蛋黃糊中，以打蛋器
   充分攪拌，並以橡皮刮刀由盆底翻拌，防止蛋黃糊
   殘留盆底。

4 再將剩餘的蛋白霜分兩次倒入，同樣以打蛋器充分
   混合至無硬塊，再以橡皮刮刀由盆底翻拌。

5 倒入模具中，以橡皮刮刀抹平麵糊表面。

6 放入已預熱至180℃烤箱中烘烤。烤後將模具倒
   扣，取出蛋糕、放涼即可。

蘋果戚風蛋糕

材料

	17cm	20cm
蛋黃（L）	4個	7個
菜種油	50cc	90cc
蘋果泥	60g	100g
檸檬汁	1/4個分	1/4個分
低筋麵粉	75g	130g
蛋白（L）	4個	7個
白砂糖	60g	100g
蘋果蜜餞		
蘋果（去皮後淨重）	50g	100g
白砂糖	5g	10g
蘋果汁	1/4個分	1/4個分

烤烘時間（180℃）

17cm　**20cm**

約25分鐘　約30分鐘

準備

・參照戚風蛋糕基礎作法（參閱P.10）。
・製作糖煮蘋果。蘋果切成5mm小丁塊，與白砂糖及檸檬汁一起倒入鍋中（a），以中火煮至水分收汁。

作法

1　製作蛋黃糊。將蛋黃倒入鋼盆中，先加入菜種油混合，再倒入蘋果泥及檸檬汁拌勻。低筋麵粉再次過篩後，一次全部倒入，以打蛋器攪拌均勻。

2　打發蛋白及白砂糖，製作蛋白霜（參照P.11的製作蛋白霜）。

3　將步驟2中1/3的蛋白霜倒入蛋黃糊中，以打蛋器充分攪拌，並以橡皮刮刀由盆底翻拌，防止蛋黃糊殘留盆底。

4　再將剩餘的蛋白霜分兩次倒入，同樣以打蛋器充分混合至無硬塊，再以橡皮刮刀由盆底翻拌。

5　將糖煮蘋果撒上低筋麵粉（分量外）上，抖落多餘麵粉後，以橡皮刮刀粗拌混合。

　>含水分的素材裹上麵粉，因粉的黏性而能分散四處，不會全沉至底部。

6　倒入模具中，以橡皮刮刀抹平麵糊表面。

7　放入已預熱至180℃烤箱中烘烤。烤後將模具倒扣，取出蛋糕、放涼即可。

紅柚戚風蛋糕

材料

	17cm	20cm
蛋黃（L）	4個	7個
菜種油	50cc	90cc
紅柚（淨重）	100g	170g
低筋麵粉	70g	120g
蛋白（L）	4個	7個
白砂糖	60g	100g

烤烘時間（180℃）

17cm　**20cm**

約25分鐘　約30分鐘

準備

・參照戚風蛋糕基礎作法（參閱P.10）。
・將紅柚的果肉挖出秤重（圖a）。

>以打蛋器攪拌時，果肉會被打碎，故不必事先剝成細顆粒。

作法

1　製作蛋黃糊。將蛋黃倒入鋼盆中，先加入菜種油混合，再倒入紅柚果肉拌勻。低筋麵粉再次過篩後，一次全部倒入，以打蛋器攪拌均勻。

2　打發蛋白及白砂糖，製作蛋白霜（參照P.11的製作蛋白霜）。

3　將步驟2中1/3的蛋白霜倒入蛋黃糊中，以打蛋器充分攪拌，並以橡皮刮刀由盆底翻拌，防止蛋黃糊殘留盆底。

4　再將剩餘的蛋白霜分兩次倒入，同樣以打蛋器充分混合至無硬塊，再以橡皮刮刀由盆底翻拌。

5　倒入模具中，以橡皮刮刀抹平麵糊表面。

6　放入已預熱至180℃烤箱中烘烤。烤後將模具倒扣，取出蛋糕、放涼即可。

和三盆糖戚風蛋糕

高雅、甜而不膩的美味戚風蛋糕誕生了！上品糖的韻味恰如其分的甜味在舌尖散開，
是一款和日本茶一起享用時非常契合的蛋糕。

材料

	17cm	20cm
蛋黃（L）	4個	7個
菜種油	50cc	90cc
牛奶	60cc	100cc
低筋麵粉	75g	130g
蛋白（L）	4個	7個
和三盆糖（粉末）	60g	100g

和三盆

烤烘時間（180℃）

17cm　**20cm**

約25分鐘　約30分鐘

準備
・參照戚風蛋糕基礎作法（參閱P.10）。

作法

1　製作蛋黃糊。將蛋黃倒入鋼盆中，先加入菜種油混
合，再倒入溫牛奶拌勻。低筋麵粉再次過篩後，一
次全部倒入，以打蛋器攪拌均勻。

2　打發蛋白及白砂糖，製作蛋白霜（參照P.11的製作
蛋白霜）。

3　將步驟2中1/3的蛋白霜倒入蛋黃糊中，以打蛋器充
分攪拌，並以橡皮刮刀由盆底翻拌，防止蛋黃糊殘
留盆底。

4　再將剩餘的蛋白霜分兩次倒入，同樣以打蛋器充分
混合至無硬塊，再以橡皮刮刀由盆底翻拌。

5　倒入模具中，以橡皮刮刀抹平麵糊表面。

6　放入已預熱至180℃烤箱中烘烤。烤後將模具倒
扣，取出蛋糕、放涼即可。

wasanbon

黑糖戚風蛋糕

富含礦物質、散發黑糖獨特的自然甘甜。
口味鮮明又蘊藏深度。

材料

	17cm	20cm
蛋黃（L）	4個	7個
菜種油	50cc	90cc
牛奶	60cc	100cc
低筋麵粉	75g	130g
蛋白（L）	4個	7個
黑糖	60g	100g

黑糖

烤烘時間（180℃）

17cm　**20cm**

約25分鐘　約30分鐘

準備
・參照戚風蛋糕基礎作法（參閱P.10）。

作法

1　製作蛋黃糊。將蛋黃倒入鋼盆中，加入菜種油混合，再倒入溫牛奶拌勻。低筋麵粉再次過篩後，一次全部倒入，以打蛋器攪拌均勻。

2　打發蛋白及白砂糖，製作蛋白霜（參照P.11的製作蛋白霜）。

3　將步驟2中1/3的蛋白霜倒入蛋黃糊中，以打蛋器充分攪拌，並以橡皮刮刀由盆底翻拌，防止蛋黃糊殘留盆底。

4　將剩餘的蛋白霜分兩次倒入，同樣以打蛋器充分混合至無硬塊，再以橡皮刮刀由盆底翻拌。

5　倒入模具中，以橡皮刮刀抹平麵糊表面。

6　放入已預熱至180℃烤箱中烘烤。烤後將模具倒扣，取出蛋糕、放涼即可。

brown sugar

黃豆粉戚風蛋糕

切開的瞬間,黃豆粉的香味撲鼻而來。
如果再淋上黑色光澤的紅豆泥,就是一道和式甜點。

材料

	17cm	20cm
蛋黃(L)	4個	7個
菜種油	50cc	90cc
牛奶	60cc	100cc
低筋麵粉	60g	100g
黃豆粉	15g	30g
蛋白(L)	4個	7個
白砂糖	60g	100g

a

烤烘時間(180℃)

17cm	20cm
約25分鐘	約30分鐘

準備
‧參照戚風蛋糕基礎作法(參閱P.10)。
‧低筋麵粉與黃豆粉一起過篩。

作法
1 製作蛋黃糊。將蛋黃倒入鋼盆中,加入菜種油混合,再倒入溫牛奶拌勻。低筋麵粉與黃豆粉再次過篩後,一次全部倒入,以打蛋器攪拌均勻。

2 打發蛋白及白砂糖,製作蛋白霜(參照P.11的製作蛋白霜)。

3 將步驟2中1/3的蛋白霜倒入蛋黃糊中,以打蛋器充分攪拌,並以橡皮刮刀由盆底翻拌,防止蛋黃糊殘留盆底。

4 再將剩餘的蛋白霜分兩次倒入,同樣以打蛋器充分混合至無硬塊,再以橡皮刮刀由盆底翻拌。

5 倒入模具中,以橡皮刮刀抹平麵糊表面。

6 放入已預熱至180℃烤箱中烘烤。烤後將模具倒扣,取出蛋糕、放涼即可。

soybean flour

黑芝麻戚風蛋糕

黑色麵糊看來頗為新奇，又能咀嚼芝麻的顆粒感；
濃郁芝麻香與鮮奶油出人意外的搭調呢！

材料

	17cm	20cm
蛋黃（L）	4個	7個
菜種油	50cc	90cc
牛奶	40cc	70cc
黑麻	1大匙	2大匙
黑芝麻糊	20g	35g
低筋麵粉	75g	130g
蛋白（L）	4個	7個
白砂糖	65g	110g

右／黑芝麻糊
左／黑芝麻

烤烘時間（180℃）

17cm	20cm
約25分鐘	約30分鐘

準備

· 參照戚風蛋糕基礎作法（參閱P.10）。

作法

1　製作蛋黃糊。將蛋黃倒入大鋼盆，加入菜種油混
　　合，再倒入溫牛奶、芝麻及芝麻糊後拌勻。低筋麵
　　粉再次過篩後，一次全部倒入，以打蛋器攪拌均
　　勻。
　　>烤過的黑芝麻風味更佳。

2　打發蛋白及白砂糖，製作蛋白霜（參照P.11的製作
　　蛋白霜）。

3　將步驟2中1/3的蛋白霜倒入蛋黃糊中，以打蛋器充
　　分攪拌，並以橡皮刮刀由盆底翻拌，防止蛋黃糊殘
　　留盆底。

4　再將剩餘的蛋白霜分兩次倒入，同樣以打蛋器充分
　　混合至無硬塊，再以橡皮刮刀由盆底翻拌。

5　倒入模具中，以橡皮刮刀抹平麵糊表面。

6　放入已預熱至180℃烤箱中烘烤。烤後將模具倒
　　扣，取出蛋糕、放涼即可。

sesame

梅酒戚風蛋糕

年年都釀梅子酒。喝完後將剩下的梅子去籽，取果肉摻入蛋糕內，
微微的酒香，好吃得嘴角都微笑了起來！

ume liquer

作法參閱 > P.52

豆奶戚風蛋糕

以豆奶代替牛奶。大豆的健康滋味，作為零嘴或早餐都適合。
口感清新，令人愛不釋手呢！

soy milk

作法參閱 > P.52

rum raisin

蘭姆葡萄乾戚風蛋糕

加入以葡萄乾及浸漬蘭姆酒半年以上的橘子皮，
可嚐到濃縮的水果甜味及溫順的蘭姆酒香，富饒風味。

作法參閱 > P.53

薑泥戚風蛋糕

如果你能接受薑味及口感，請連皮一起磨成泥。
在寒冷的冬季裡，一定要搭配蜂蜜柚子茶一起享用喔！

ginger

作法參閱 > P.53

梅酒戚風蛋糕

材料

	17cm	20cm
蛋黃（L）	4個	7個
菜種油	50cc	90cc
梅酒	60cc	100cc
水	10cc	20cc
低筋麵粉	70g	120g
蛋白（L）	4個	7個
白砂糖	70g	120g
梅酒的梅子	50g	90g

烤烘時間（180℃）

17cm	20cm
約25分鐘	約30分鐘

準備

· 參照戚風蛋糕基礎作法（參閱P.10）。
· 將梅酒中的梅子果肉切碎。

作法

1 製作蛋黃糊。將蛋黃倒入鋼盆中，加入菜種油混合，再倒入梅酒及水後拌勻。低筋麵粉再次過篩後，一次全部倒入，以打蛋器攪拌均勻。

2 打發蛋白及白砂糖，製作蛋白霜（參照P.11的製作蛋白霜）。

3 將步驟2中1/3的蛋白霜倒入蛋黃糊中，以打蛋器充分攪拌，並以橡皮刮刀由盆底翻拌，防止蛋黃糊殘留盆底。

4 再將剩餘的蛋白霜分兩次倒入，同樣以打蛋器充分混合至無硬塊，再以橡皮刮刀由盆底翻拌。

5 將切碎的梅子果肉裹上分量外的低筋麵粉，抖落多餘的麵粉後（圖a），倒入麵糊並以橡皮刮刀粗拌。

> 含水分的素材裹上麵粉，因粉的黏性而能分散四處，不會全沉至底部。

6 倒入模具中，以橡皮刮刀抹平麵糊表面。

7 放入已預熱至180℃烤箱中烘烤。烤後將模具倒扣，取出蛋糕、放涼即可。

豆奶戚風蛋糕

材料

	17cm	20cm
蛋黃（L）	4個	7個
菜種油	50cc	90cc
豆奶（未經成分調整）	80cc	140cc
低筋麵粉	70g	120g
蛋白（L）	4個	7個
白砂糖	55g	100g

豆奶（未經成分調整）

烤烘時間（180℃）

17cm	20cm
約25分鐘	約30分鐘

準備

· 參照戚風蛋糕基礎作法（參閱P.10）。

作法

1 製作蛋黃糊。將蛋黃倒入鋼盆中，加入菜種油混合，再倒入溫豆奶拌勻。低筋麵粉再次過篩後，一次全部倒入，以打蛋器攪拌均勻。

2 打發蛋白及白砂糖，製作蛋白霜（參照P.11的製作蛋白霜）。

3 將步驟2中1/3蛋白霜倒入蛋黃糊中，以打蛋器充分攪拌，並以橡皮刮刀由盆底翻拌，防止蛋黃糊殘留盆底。

4 將剩餘的蛋白霜分兩次倒入，同樣以打蛋器充分混合至無硬塊，再以橡皮刮刀由盆底翻拌。

5 倒入模具中，以橡皮刮刀抹平麵糊表面。

6 放入已預熱至180℃烤箱中烘烤。烤後將模具倒扣，取出蛋糕、放涼即可。

蘭姆葡萄乾戚風蛋糕

材料

	17cm	20cm
蛋黃（L）	4個	7個
菜種油	50cc	90cc
牛奶	40cc	70cc
蘭姆酒	1/3大匙	2/3大匙
蘭姆酒漬葡萄乾＋橘子皮		
	40g	70g
低筋麵粉	70g	120g
蛋白（L）	4個	7個
白砂糖	60g	100g

烤烘時間（180℃）

17cm　**20cm**

約25分鐘　約30分鐘

準備

・參照戚風蛋糕基礎作法（參閱P.10）。

・蘭姆酒漬葡萄乾及瀝去蘭姆酒液後的橘子皮，輕輕切碎（a）。

作法

1　製作蛋黃糊。將蛋黃倒入鋼盆中，加入菜種油混合，再倒入溫牛奶、蘭姆酒及切碎的蘭姆酒漬葡萄乾及橘子皮拌勻。低筋麵粉再次過篩後，一次全部倒入，以打蛋器攪拌均勻。

2　打發蛋白及白砂糖，製作蛋白霜（參照P.11的製作蛋白霜）。

3　將步驟2中1/3的蛋白霜倒入蛋黃糊中，利用打蛋器充分攪拌，並以橡皮刮刀由盆底翻拌，防止蛋黃糊殘留盆底。

4　將剩餘的蛋白霜分兩次倒入，同樣以打蛋器充分混合至無硬塊，再以橡皮刮刀由盆底翻拌。

5　倒入模具中，以橡皮刮刀抹平麵糊表面。

6　放入已預熱至180℃烤箱中烘烤。烤後將模具倒扣，取出蛋糕、放涼即可。

薑泥戚風蛋糕

材料

	17cm	20cm
蛋黃（L）	4個	7個
菜種油	50cc	90cc
水	55cc	95cc
生薑	7g	10g
低筋麵粉	75g	130g
蛋白（L）	4個	7個
白砂糖	60g	100g

烤烘時間（180℃）

17cm　**20cm**

約25分鐘　約30分鐘

準備

・參照戚風蛋糕基礎作法（參閱P.10）。

・生薑連皮磨成泥（a）。

作法

1　製作蛋黃糊。將蛋黃倒入鋼盆中，加入菜種油混合，再倒入水及薑泥拌勻。低筋麵粉再次過篩後，一次全部倒入，以打蛋器攪拌均勻。

2　打發蛋白及白砂糖，製作蛋白霜（參照P.11的製作蛋白霜）。

3　將步驟2中1/3的蛋白霜倒入蛋黃糊中，利用打蛋器充分攪拌，並以橡皮刮刀由盆底翻拌，防止蛋黃糊殘留盆底。

4　將剩餘的蛋白霜分兩次倒入，先以打蛋器充分混合至無硬塊，再以橡皮刮刀由盆底翻拌。

5　倒入模具中，以橡皮刮刀抹平麵糊表面。

6　放入已預熱至180℃烤箱中烘烤。烤後將模具倒扣，取出蛋糕、放涼即可。

胡蘿蔔戚風蛋糕

胡蘿蔔的纖維較硬，建議水煮後再碾碎。
漂亮的橘紅色，添加不少食欲感。

材料

	17cm	20cm
蛋黃（L）	4個	7個
菜種油	50cc	90cc
牛奶	15cc	30cc
水煮胡蘿蔔（淨重）	70g	120g
低筋麵粉	80g	140g
蛋白（L）	4個	7個
白砂糖	65g	115g

烤烘時間（180℃）

17cm	20cm
約25分鐘	約30分鐘

準備
· 參照戚風蛋糕基礎作法（參閱P.10）。
· 將已水煮後胡蘿蔔壓碎（a）。

作法

1　製作蛋黃糊。將蛋黃倒入鋼盆中，加入菜種油混合，再倒入溫牛奶及胡蘿蔔泥拌勻。低筋麵粉再次過篩後，一次全部倒入，以打蛋器攪拌均勻。

2　打發蛋白及白砂糖，製作蛋白霜（參照P.11的製作蛋白霜）。

3　將步驟2中1/3的蛋白霜倒入蛋黃糊中，以打蛋器充分攪拌；並以橡皮刮刀由盆底翻拌，防止蛋黃糊殘留盆底。

4　將剩餘的蛋白霜分兩次倒入，同樣以打蛋器充分混合至無硬塊，再以橡皮刮刀由盆底輕輕翻拌。

5　倒入模具中，以橡皮刮刀抹平麵糊表面。

6　放入已預熱至180℃烤箱中烘烤。烤後將模具倒扣，取出蛋糕、放涼即可。

carrot

紫芋戚風蛋糕

紫芋的色素極淡，烘烤後並不會完全重現原本的紫色；
但甘甜的口感依舊是秋天的味覺。

材料

	17cm	20cm
蛋黃（L）	4個	7個
菜種油	50cc	90cc
牛奶	30cc	50cc
紫芋（先蒸熟淨重）	70g	120g
低筋麵粉	70g	120g
蛋白（L）	4個	7個
白砂糖	65g	115g

烤烘時間（180℃）

17cm **20cm**

約25分鐘　約30分鐘

準備

・參照戚風蛋糕基礎作法（參閱P.10）。
・以壓泥器將紫芋壓成碎泥（a）。

作法

1　製作蛋黃糊。將蛋黃倒入鋼盆中，加入菜種油混
　　合，再倒入溫牛奶及紫芋泥拌勻。低筋麵粉再次過
　　篩後，一次全部倒入，以打蛋器攪拌均勻。

2　打發蛋白及白砂糖，製作蛋白霜（參照P.11的製作
　　蛋白霜）。

3　將步驟2中1/3的蛋白霜倒入蛋黃糊中，以打蛋器充
　　分攪拌，並以橡皮刮刀由盆底翻拌，防止蛋黃糊殘
　　留盆底。

4　將剩餘的蛋白霜分兩次倒入，同樣以打蛋器充分混
　　合至無硬塊，再以橡皮刮刀由盆底翻拌。

5　倒入模具中，以橡皮刮刀抹平麵糊表面。

6　放入已預熱至180℃烤箱中烘烤。烤後將模具倒
　　扣，取出蛋糕、放涼即可。

purple sweet potato

玉米戚風蛋糕

再沒有比與遇見玉米更令人愉快的事了，
就透過留在蛋糕中的顆粒感來表現這份感動吧！

材料

	17cm	20cm
蛋黃（L）	4個	7個
菜種油	50cc	90cc
牛奶	15cc	30cc
水煮玉米	70g	120g
	（約1/3根）	（約2/3根）
低筋麵粉	70g	120g
蛋白（L）	4個	7個
白砂糖	70g	120g

烤烘時間（180℃）

17cm　20cm

約25分鐘　約30分鐘

準備
・參照戚風蛋糕基礎作法（參閱P.10）。
・切下玉米粒後再秤量所需分量（a）。

作法
1　製作蛋黃糊。將蛋黃倒入鋼盆中，加入菜種油混合，再倒入溫牛奶及水煮過的玉米粒拌勻。低筋麵粉再次過篩後，一次全部倒入，以打蛋器攪拌均勻。

2　打發蛋白及白砂糖，製作蛋白霜（參照P.11的製作蛋白霜）。

3　將步驟2中1/3的蛋白霜倒入蛋黃糊中，以打蛋器充分攪拌，並以橡皮刮刀由碗底翻拌，防止蛋黃糊殘留盆底。

4　再將剩餘的蛋白霜分兩次倒入，同樣以打蛋器充分混合至無硬塊，再以橡皮刮刀由盆底翻拌。

5　倒入模具中，以橡皮刮刀抹平麵糊表面。

6　放入已預熱至180℃烤箱中烘烤。烤後將模具倒扣，取出蛋糕、放涼即可。

corn

菠菜戚風蛋糕

不論是作麵包或蛋糕都能派上用場的萬能菠菜，
有著能勾起食慾的翠綠，也可成為早點搭配湯品一起食用。

材料

	17cm	20cm
蛋黃 (L)	4個	7個
菜種油	50cc	90cc
牛奶	15cc	30cc
水煮菠菜	65g	110g
低筋麵粉	70g	120g
蛋白 (L)	4個	7個
白砂糖	70g	120g

a

烤烘時間（180℃）

17cm　**20cm**

約25分鐘　約30分鐘

準備
・參照戚風蛋糕基礎作法（參閱P.10）。
・將菠菜以研缽搗碎（a）。

作法

1　製作蛋黃糊。將蛋黃倒入大碗中，加入菜種油混
　　合，再倒入溫牛奶及磨碎的菠菜拌勻。低筋麵粉再
　　次過篩後，一次全部倒入，以打蛋器攪拌均勻。

2　打發蛋白及白砂糖，製作蛋白霜（參照P.11的製作
　　蛋白霜）。

3　將步驟2中1/3的蛋白霜倒入蛋黃糊中，以打蛋器充
　　分攪拌，並以橡皮刮刀由盆底翻拌，防止蛋黃糊殘
　　留盆底。

4　再將剩餘的蛋白霜分兩次倒入，同樣以打蛋器充分
　　混合至無硬塊，再以橡皮刮刀由盆底翻拌。

5　倒入模具中，以橡皮刮刀抹平麵糊表面。

6　放入已預熱至180℃烤箱中烘烤。烤後將模具倒
　　扣，取出蛋糕、放涼即可。

spinach

焦糖戚風蛋糕

飄散出焦糖香味的剎那間,感受到製作蛋糕的醍醐味。
未添加牛奶更凝聚著濃厚焦糖風味的一道甜品。

材料

	17cm	20cm
蛋黃（L）	4個	7個
菜種油	50cc	90cc
焦糖汁液	60cc	100cc
┌ 上白糖	40g	80g
┤ 水	約1大匙	約2大匙
└ 熱水	40cc	80cc
低筋麵粉	70g	120g
蛋白（L）	4個	7個
白砂糖	60g	100g

烤烘時間（180℃）

17cm　**20cm**
約25分鐘　約30分鐘

準備
・參照戚風蛋糕基礎作法（參閱P.10）。
・製作焦糖汁液。將上白糖及水倒入鍋中以中火加熱。
　並不時轉動鍋子直到呈現金黃色後離火,再逐量倒入
　熱水（a,請注意會燒焦）。待冷卻後秤好所需的焦
　糖汁分量。

作法
1　製作蛋黃糊。將蛋黃倒入大碗中,加入菜種油混
　　合,再倒入焦糖汁拌勻。低筋麵粉再次過篩後,一
　　次全部倒入,以打蛋器攪拌均勻。
2　打發蛋白及白砂糖,製作蛋白霜（參照P.11的製作
　　蛋白霜）。
3　將步驟2中1/3的蛋白霜倒入蛋黃糊中,以打蛋器充
　　分攪拌,並以橡皮刮刀由盆底翻拌,防止蛋黃糊殘
　　留盆底。
4　再將剩餘的蛋白霜分兩次倒入,同樣以打蛋器充分
　　混合至無硬塊,再以橡皮刮刀由盆底翻拌。
5　倒入模具中,以橡皮刮刀抹平麵糊表面。
6　放入已預熱至180℃烤箱中烘烤。烤後將模具倒
　　扣,取出蛋糕、放涼即可。

＞上白糖為日本精製上白糖是自然結晶而呈現白色。較台灣特砂
細緻、水分較多、可保濕,且具有轉化糖液成分。製作糕點、
麵包、餡料等,烘焙易於上色,較易保存。建議可以台灣便於
購買之砂糖、白糖替代。

caramel

嘗試新素材&新創意

●番茄

將美味瞬間濃縮的番茄。去皮後切丁並混拌入麵糊中,那完成一道新鮮的戚風蛋糕。

●味噌

在日本每年都會製作味噌。偶然看到味噌麵包,靈光一現閃過的創意是味噌戚風蛋糕!鹹鹹的餘味,似乎可以成為嶄新的風味呢!

●藍莓

將摘來的成堆藍莓作成藍莓醬,來作為戚風蛋糕的材料吧!一半加入純果醬,一半加入藍莓果粒成為奢華麵糊。

●牛蒡

去皮後水煮,再磨成泥。香氣及嗆味鋪陳出後續的美味。請你使用新鮮的牛蒡嘗試作作看。

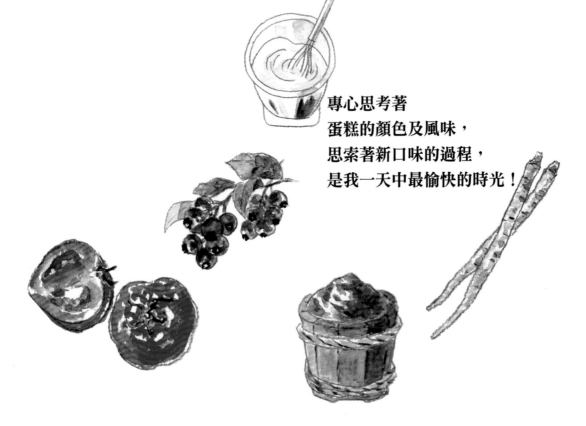

專心思考著
蛋糕的顏色及風味,
思索著新口味的過程,
是我一天中最愉快的時光!

以戚風蛋糕為基底製作的美味甜點

愈來愈上手後，接著可以向變化款挑戰。

戚風蛋糕體可以和任何甜點形成完美搭檔。

不論是季節慶典或派對，都可以大方躍上抬面。何不試試身手，讓甜點品項更豐富呢？

草莓鮮奶油蛋糕

將蛋糕之王——鬆餅換成戚風蛋糕，打造新鮮滋味。
也可以其他季節性水果取代草莓。

材料
17cm的戚風蛋糕基礎做法（P.10至P.13）1個
草莓　　適量

鮮奶油　300cc
白砂糖　3大匙

[醬汁]
　上白糖　25g
　水　　　50cc
　蘭姆酒　1大匙

準備
· 製作醬汁。將上白糖及水倒入鍋中加熱，砂糖溶化即熄火。待冷卻後倒入蘭姆酒。

　＞也可以微波爐加熱。

　＞上白糖為日本精製上白糖是自然結晶而呈現白色。較台灣特砂細緻、水分較多、可保濕，且具有轉化糖液成分。製作糕點、麵包、餡料等，烘焙易於上色，較易保存。建議可以台灣便於購買之砂糖、白糖替代。

作法

1　以刀子切去烘烤完成的原味戚風蛋糕的表層。

2　將戚風蛋糕橫切成上下兩等分，以刷子將醬汁刷於剖面及表面上。

3　將白砂糖倒入鮮奶油中，以打蛋器打至八分發泡。

4　在步驟2中的下層蛋糕剖面塗上步驟3中製作的鮮奶油後，鋪上縱切成半的草莓，再塗抹鮮奶油，然後將上層蛋糕再疊上去後，以抹刀將表面塗滿鮮奶油。

5　以湯匙背在鮮奶油上勾勒圖案，並裝飾上草莓。

　＞建議先以熱水溫熱刀子後再切蛋糕，可以切得比較整齊。

蒙布朗

和栗（日產栗子）作成的栗子泥帶著些微不同口感。
蛋糕、鮮奶油及栗泥三者形成絕妙的平衡，演奏出最美妙的樂章。

材料

17cm的戚風蛋糕基礎做法（P.10至P.13）1個

〔栗子奶油〕

栗子泥（和栗）	100g
奶油	10g
白砂糖	1小匙
鮮奶油	30cc
蘭姆酒	1小匙弱

〔發泡鮮奶油〕

鮮奶油	100cc
白砂糖	1大匙
蘭姆酒	1小匙

〔醬汁〕

上白糖	25g
水	50cc
蘭姆酒	1大匙

栗渋皮煮　適量

＞栗渋皮煮是將帶殼栗子水煮後去殼，再以小蘇打重覆煮多
　次後，挑去硬筋及內層稱為渋皮的薄膜後，加糖熬煮而
　成。

準備

・製作醬汁。將上白糖及水倒入鍋中加熱，砂
　糖溶化即熄火。待冷卻後倒入蘭姆酒。

　＞可以微波爐加熱製作。

作法

1　製作栗子奶油。將栗子泥、奶油及白砂糖
　　倒入鍋中，以中火加熱，煮至軟化後熄
　　火。待溫度降至40℃至50℃，再加入鮮
　　奶油及蘭姆酒。

2　將蒙布朗專用的擠花嘴（或2mm大小的圓
　　型擠花嘴）裝至擠花袋上，再倒入栗子奶
　　油。

3　以刀子切掉烤好的原味戚風蛋糕的表層。

　　＞建議先以熱水溫熱刀子後再切蛋糕，可以切得比較整
　　　齊。

4　蛋糕體表面以刷子刷上醬汁。

5　將白砂糖及蘭姆酒（或其他個人喜歡的酒
　　類）倒入鮮奶油中，以打蛋器打至八分發
　　泡，然後以抹刀塗抹在戚風蛋糕的表面。

6　將栗子奶油裝飾在蛋糕表面，並點綴上數
　　粒栗渋皮煮。

　　＞上白糖為日本精製上白糖是自然結晶而呈現白色。較
　　　台灣特砂細緻、水分較多、可保濕，且具有轉化糖液
　　　成分。製作糕點、麵包、餡料等，烘焙易於上色，較
　　　易保存。建議可以台灣便於購買之砂糖、白糖替代。

紅豆蛋糕捲

短時間內就能烤好蛋糕捲，彷彿眨眼間就可端上桌。
不妨多試幾種不同的口味。

材料　25×29cm的烤盤1個

紅豆蛋糕捲

〔蛋黃糊〕		〔蛋白霜〕	
蛋黃（L）	4個	蛋白（L）	4個
菜種油	50cc	上白糖	60g
牛奶	40cc		
煮紅豆（罐頭）	60g		
低筋麵粉	60g		
紅豆粉	20g		

烤烘時間（180℃）約15分鐘

作法

1　參照戚風蛋糕基礎作法麵糊（P.10至 P.13）。將低筋麵粉及紅豆粉一起過篩，於製作蛋黃糊的步驟2中和牛奶一起拌入煮紅豆中。

2　在烤盤或報紙作成的紙模（圖a）中鋪上藁半紙（稻稈或麥稈成的紙），倒入麵糊並以刮刀抹平表面。

3　放入已預熱至180℃烤箱中烘烤15分鐘。

4　烤後連同藁半紙移至網架放涼。

5　待溫度降至40至50度後，放入塑膠袋中保存以保持住濕潤度。

裝飾

〔醬汁〕	
上白糖	12g
水	25cc
蘭姆酒	1/2大匙
〔發泡鮮奶油〕	
鮮奶油	200cc
上白糖	2大匙

1　於蛋糕體的表面塗上醬汁。另將白砂糖倒入鮮奶油打至八分發泡。僅在相對側保留3至4cm，其餘均以抹刀塗上打發的鮮奶油。

> 相對側的末端保留約1吋長不塗鮮奶油，收口處才不會有鮮奶油溢出。

2　隔著藁半紙，將蛋糕由身前、呈「の」字形向外捲起。

3　收捲後，將接合處朝下，放入冰箱冷藏靜置，定型後再分切。

> 建議先以熱水溫熱刀子後再切蛋糕，可以切得比較整齊。

a

> 配合烤盤的大小，以報紙或使用烘焙紙製作紙模，使用方便，且可多次使用。

馬鈴薯鬆餅

加入Q軟的馬鈴薯,塑造前所未有的口感。
若趁熱淋上楓糖漿、奶油及酸奶油,無疑是最奢侈的享受。

材料

直徑15cm的圓餅	5個
蛋黃	4個
菜種油	50cc
牛奶	25cc
水煮馬鈴薯(淨重)	70g
低筋麵粉	80g
〔蛋白霜〕	
蛋白	4個
上白糖	60g
酸奶油	適量
楓糖漿	適量
菜種油或奶油	適量

準備

‧將馬鈴薯以壓泥器搗成泥。

作法

1　參照戚風蛋糕基礎作法製作麵糊(P.10至
　　P.13)。於製作蛋黃糊的步驟**2**中倒入牛
　　奶後,加入馬鈴薯泥拌勻。

2　將菜種油或奶油倒入平底鍋中加熱,再倒
　　入麵糊,表面煎至金黃後翻面,同樣煎至
　　金黃即可。

3　盛至盤中,放上酸奶油,淋上楓糖漿即
　　可。

法式沙瓦林

塗抹上醇厚的醬汁，重現這道覆滿洋酒的蛋糕。
當然不能缺少滿滿的鮮奶油。記得再搭配一杯香濃咖啡喔！

材料

直徑17cm的戚風蛋糕基礎作法（P.10至P.13）

蛋糕體	1個
鮮奶油	適量

〔醬汁〕

上白糖	50g
水	150cc
白蘭地	50cc
檸檬汁	1個

作法

1　製作醬汁。將上白糖及水倒入鍋中以中火加熱，砂糖溶化後熄火，可將鍋子放在濕布上降溫，接著倒入白蘭地及檸檬汁。

　＞可依個人喜好改用其他洋酒。

2　將步驟1的醬汁以刷子厚厚地刷於蛋糕體，使醬汁滲入蛋糕內。

3　放入冰箱冷藏，再淋上順口的發泡鮮奶油即可食用。

三色戚風蛋糕

造型可愛的戚風蛋糕，一次同時嚐到三種口味。
點綴包裝後送禮，必定能引發一陣讚嘆！

材料

	17cm	20cm
原味		
蛋黃（L）	1個	2個
菜種油	20cc	30cc
牛奶	20cc	30cc
低筋麵粉	25g	30g
抹茶		
蛋黃（L）	1個	2個
菜種油	20cc	30cc
牛奶	20cc	30cc
┌低筋麵粉	25g	30g
└抹茶	1小匙	2小匙
覆盆子		
蛋黃	1個	2個
菜種油	20cc	30cc
牛奶	10cc	15cc
純覆盆子汁	20cc	30cc
低筋麵粉	25g	30g
蛋白（L）	3個	6個
白砂糖	60g	120g

作法

1　製作三種口味的蛋黃糊。原味部分請參照戚風蛋糕基本作法（細節參閱P.10至P.13）、抹茶請參照抹茶戚風蛋糕（參閱P.20）製作麵糊。覆盆子的作法同原味戚風蛋糕，於製作蛋黃糊的步驟 **2** 中倒入牛奶後，再加入覆盆子汁（a）。

2　打發蛋白及白砂糖，製作蛋白霜（參閱P.11的製作蛋白霜）。

3　將蛋白霜分成3等分預備分別倒入三種口味中。再各別分2等分，分次加入蛋黃糊中，並以打蛋器混合。

4　每種口味都以橡皮刮刀由盆底翻拌。

5　依序將覆盆子、原味及抹茶麵糊倒入模具中，再以橡皮刮刀抹平麵糊表面。

6　放入已預熱至180℃烤箱中烘烤。烤後將模具倒扣，取出蛋糕、放涼即可。

烤烘時間（180℃）

17cm　**20cm**

約25分鐘　約30分鐘

準備

・參照戚風蛋糕基礎作法（參閱P.10）。

a

各式形狀隨意烤

搭配手工點心或伴手禮等不同場合，
開心的變換蛋糕素材
及模具形狀吧！

●圓形紙模

倒入麵糊後烘烤完畢取出即可，十分
輕鬆。因為不需要脫模，所以不會把
蛋糕弄破或變形，操作相當方便。

●四角形

新的戚風蛋糕造型。脫模後可在表面
點綴上各種裝飾，大方地閃耀在派對
上囉！

●心形

情人節天后。巧克力口味或摻入巧克
力碎片的口感更是第一首選！只不過
脫膜手續可是件大工程啊！

●紙杯形

將多餘的麵糊倒入杯中的可愛小蛋
糕，烘烤時間減半即可。不妨拿各式
各樣的杯子試作看看吧！

後記

　　不管去哪裡旅行，一直最享受的就是可以參觀當地充滿活力與朝氣的物產市場。鎌倉市場一隅開了一家「鎌倉しふぉん」蛋糕店，每次逛市場時，總是留心著如鎌倉しふぉん那樣低調而不炫耀鋪張的獨特小店，然後佇足停留。

　　戚風蛋糕是烘烤後不加裝飾的簡單甜點，好不好吃是瞞不了人的。自己究竟作過多少個戚風蛋糕，已經記不得了，即便如此，每天仍會面對各種嘗試、錯誤，然後再從中學習、成長。未來我還是會秉持這樣的心情，以真誠的態度製作戚風蛋糕，一定要將美味傳遞給更多人。

　　最後，衷心期盼閱讀本書的讀者，在戚風蛋糕的製作上有更寬的視野。

市場のケーキ屋さん　鎌倉しふぉん　**青井聡子**

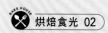 烘焙食光 02

初學者也OK！自己作職人配方の戚風蛋糕

作　　者／青井聡子
譯　　者／瞿中蓮
發 行 人／詹慶和
執行編輯／李佳穎・詹凱雲
編　　輯／劉蕙寧・黃璟安・陳姿伶
執行美編／陳麗娜・韓欣恬
美術編輯／周盈汝
內頁排版／造極
出 版 者／良品文化館
發 行 者／雅書堂文化事業有限公司
郵撥帳號／18225950　戶名：雅書堂文化事業有限公司
地　　址／220新北市板橋區板新路206號3樓
電　　話／(02) 8952-4078
傳　　真／(02) 8952-4084
網　　址／www.elegantbooks.com.tw
電子郵件／elegant.books@msa.hinet.net

2024年2月 三版一刷　定價 300 元

"KAMAKURA CHIFFON" NO CHIFFON CAKE by Satoko Aoi
Copyright © 2010 Satoko Aoi
All rights reserved.
Original Japanese edition published by Mynavi Corporation.
This Traditional Chinese edition is published by arrangement with
Mynavi Corporation, Tokyo in care of Tuttle-Mori Agency, Inc., Tokyo
through Keio Cultural Enterprise Co., Ltd., New Taipei City, Taiwan.

經銷／易可數位行銷股份有限公司
地址／新北市新店區寶橋路235巷6弄3號5樓
電話／（02）8911-0825 傳真／（02）8911-0801

作 者 簡 介

青井聡子

生於東京。2000年移居鎌倉，開設「café あおい」。因為店內的蛋糕深獲好評，加上自學研發戚風蛋糕，而於2003年在鎌倉市農協連即売所（意指農業合作社販賣處）內開設戚風蛋糕專賣店「市場的蛋糕店－鎌倉しふぉん」，成為電視及其他媒體爭先報導的人氣店。主持「青井聡子教室」。

市場的蛋糕店－鎌倉しふぉん

〒248-0006 鎌倉市小町 1-13-10
　　　　　　 0467-23-1833　（鎌倉駅東口走路3分鐘）
http://www.k-chiffon.com/

攝　影	馬場わかな
造　型	池水陽子
書籍設計	茂木隆行
插　畫	井上智陽
校　正	広瀬泉
料理助手	池田由紀子
	井澤珠世
	遠藤紀子
	七島美智子
	久保陽子
	佐藤智子

國家圖書館出版品預行編目(CIP)資料

初學者也OK！自己作職人配方の戚風蛋糕 / 青井聡子著；瞿中蓮譯. -- 三版. -- 新北市：良品文化館出版：雅書堂文化發行, 2024.02
　　面；　公分. -- (烘焙食光；2)
　ISBN 978-986-7627-57-5(平裝)
1.CST: 點心食譜

427.16　　　　　　　　　　　　　　　112022598

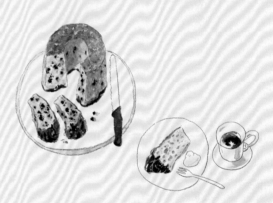

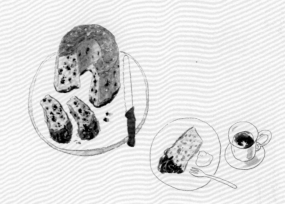